中国少儿百科

U0265372

塑料变形记

尹传红　主编　　　苟利军　罗晓波　副主编

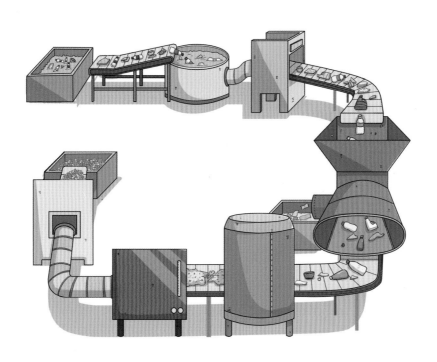

核心素养提升丛书

四川科学技术出版社

一　随处可见的塑料

常见的杯子，有金属杯、玻璃杯、陶瓷杯等，而更加轻便耐用、使用更广泛的，是用塑料制成的杯子。

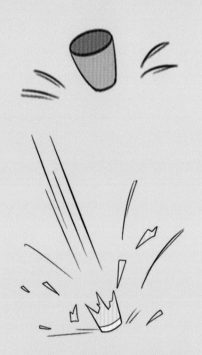

玻璃杯和陶瓷杯容易破损，但塑料杯即使掉在水泥地板上，也不容易碎裂。

在我们的日常生活中，塑料随处可见。除了塑料杯，还有很多盒子、盘子、椅子、电风扇等物品，都是塑料制品。

许多漂亮、有趣的玩具，很受小朋友们喜欢，它们也是用塑料制成的。

如果来到海边，我们可能会遇到一些塑料渔船，它们是大型的塑料制品，和木船一样牢固哟。

还有不少工业机械设备上，也会使用很多塑料零部件。

对航天感兴趣的小朋友可能知道，航天员们的头盔和防护服，也是用塑料制作的。

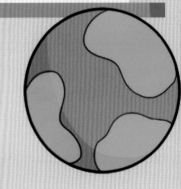

那么，这些被人们大量使用的塑料，究竟有哪些神奇之处呢？

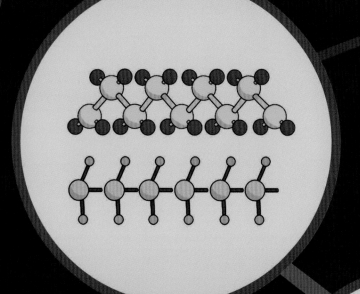

和石油、煤炭不同，塑料并不是自然界中存在的物质，而是人工合成的材料，是一种高分子聚合物。

长时间叠放在一起的塑料袋会彼此粘住，就是因为分子之间的吸引力。

塑料的密度小，所以它们的质量比较轻。而且塑料不会像铁一样生锈，还具有很强的韧性，不易碎裂，防水性能也很好。

物体变形的能力叫塑性。坚硬的铁勺子塑性差，很难变形；而柔软的橡皮泥塑性好，容易变形。

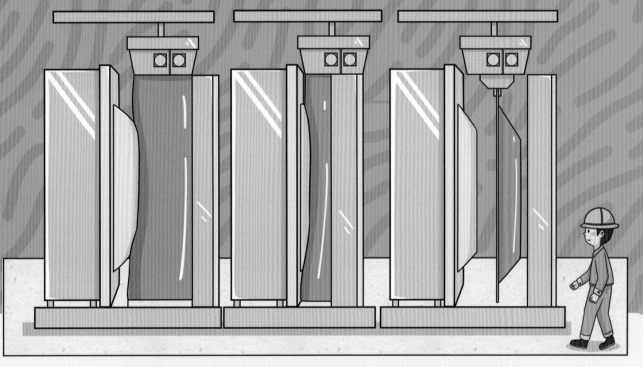

塑料塑性好，在温度足够高或受到的压力足够大时，塑料就会变形。就算温度下降或者压力消失后，塑料也能保持变形后的样子。

塑料独有的特性和种种优点，使它们成为制作各种日常用品的好材料。

塑料杯子不易破碎，更不容易漏水，非常耐用。

塑料雨具的防水性能也很棒，雨衣、雨伞和雨鞋，下雨天能帮大忙。

像纸一样薄的塑料袋，却能装下沉甸甸的西瓜。

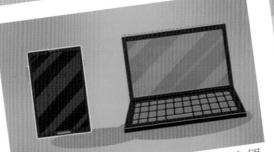

手机和笔记本电脑都很轻巧，方便携带，它们的许多部件都是用质量较轻的塑料制成的。

塑料玩具丰富多样，它们可是孩子们的童年好伙伴。

不得不说，琳琅满目的塑料制品给我们的生活带来了太多的便利。

小朋友，你知道电木吗？它是在一百多年前，由美籍比利时化学家、发明家贝克兰研制的一种优异的绝缘材料。

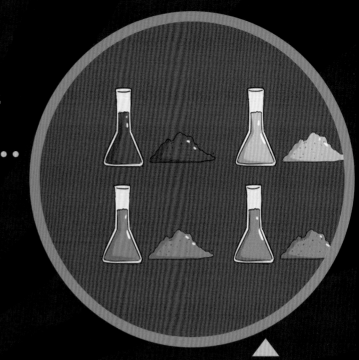

电木其实也是一种塑料，学名"酚醛塑料"，一问世就大受欢迎，很快就被应用到军事工业领域和人们的日常生活中。

电木质量很轻，却非常耐用，能承受高温，而且不导电，正是制造电器绝缘构件的绝佳材料。

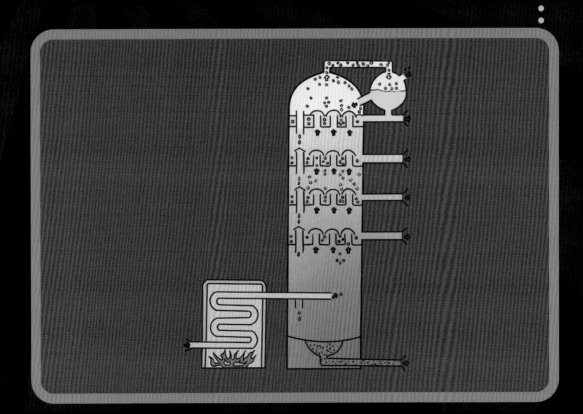

1902 年，奥地利科学家马克斯·舒施尼发明了塑料袋，这是一种透明的、用于装物品的塑料。用塑料袋装物品，更便于人们携带。

尼龙是 1935 年诞生的，它的发明者是美国化学家卡罗瑟斯。这种塑料不但强韧结实，还能防水，可用来制作各种丝线、绳子和衣服等。

那么塑料到底是用什么材料制造的呢？这些材料又来自哪里？下面就让我们一起去寻找答案吧！

　　人们可以从石油里提炼出汽油、石脑油、煤油、柴油和重油等。其中，石脑油是轻质油。在完全无氧的环境中，可以利用高温高压将石脑油分解成极小的化合物分子，然后这些分子再聚合成纤维、塑料等物质。

二　各种用途的塑料

　　塑料有多种类型，它们都由高分子聚合而成。由聚乙烯高分子聚合成的塑料，就叫聚乙烯塑料。

　　在我们常见的各种类型的塑料中，聚对苯二甲酸乙二醇酯（PET）塑料、高密度聚乙烯（HDPE）塑料、聚氯乙烯（PVC）塑料、低密度聚乙烯（LDPE）塑料、聚丙烯（PP）塑料和聚苯乙烯（PS）塑料应用都十分广泛。从各种塑料的名称中，也可以轻松分辨出它们是由哪种高分子聚合而成的。

还有一种十分特殊的塑料，它就是生物塑料。

人们从玉米、小麦等作物中提取出淀粉和纤维，经过加工后就获得了聚乳酸，这些聚乳酸能够制成生物塑料。中国研制的一种新型生物塑料，能承受100℃以上的高温。

废旧生物塑料制品埋到土壤里，还可以降解为植物的肥料，非常环保。

人们日常所用的塑料，按树脂的应用可以分为四大类：通用塑料、工程塑料、一般塑料和特种塑料。

通用塑料是指产量大、应用范围广、成型加工好、成本低的塑料，它们在日常生活中用途广泛，价格也很便宜。

工程塑料是指那些综合性能优良，机械强度高，并具有良好的耐热性、电绝缘性的塑料。即使在恶劣的环境中，工程塑料仍能持久使用。在某些领域，工程塑料甚至还能代替金属。

在机械工业、电子化工等领域，工程塑料是不可或缺的。工程塑料可以制造各种机械上广泛使用的轴承、齿轮、丝杆螺母等零部件，还有壳体、盖板等结构件。

工业电器和家用电器也离不开工程塑料。它们可以制造工业电器的电线电缆包覆物、印刷线路板和绝缘薄膜等。

冰箱、洗衣机、电视机、空调等家用电器的大量部件，都是工程塑料制品。

工程塑料还可以用来制造车辆上的保险杠、中控台、车身、车门、车灯罩、燃油管、散热器以及发动机上的各种零部件。

散热器

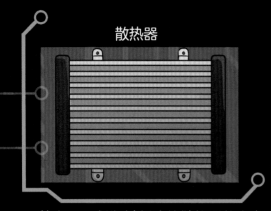

中控台

其中，工程塑料制造的散热器能在高温下工作，将汽车产生的热量散发出去。

另外，车厢里的许多零部件，比如中控台，也是用工程塑料制成的。

车身

车门

燃油管

保险杠

燃油箱

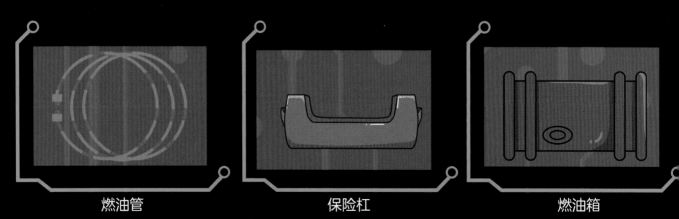

工程塑料还被大量应用到医疗卫生领域，它们质地坚韧，可塑性强，可以用来制造输液管、注射器等医疗器械。

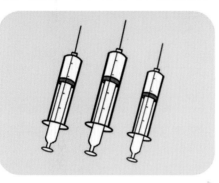

医院经常使用的一次性注射器，就是工程塑料制品。这种注射器使用方便，不会造成病人的交叉感染，生产成本也很低。

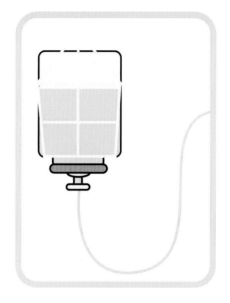

以工程塑料为主要材料的塑钢门窗，美观耐用，清洁也非常方便。

不少办公设备，例如桌子、椅子等，都是用工程塑料制成。它们不但轻便耐用，而且款式多样，价格便宜。

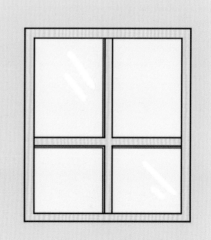

有些塑料制作的高科技产品，还进入太空了呢！

航天服头盔的镜片上，也涂有一层塑料，使镜片更加坚固，不易被刮伤。

航天服的头盔主要材料就是塑料，这种头盔质量轻、隔音、隔热、减震性好，可以防止航天员头部出现磕碰。

航天服上面的塑料部件通过构成密封环境，来防止气体交换和压力变化对航天员造成伤害。

航天座椅也会使用很多塑料，这样既能保护航天员的安全，又能让他们更加舒适。

航天器的外壳上覆盖着一层闪亮的薄膜，也是用塑料制造的。

除了卫星、飞船之外，还有一种太阳帆。它们借助太阳光的光压产生动力来航行。大部分太阳帆都用特种塑料制造。

这些广泛应用于航天领域的塑料，都是具有某种特殊功能的功能型塑料。

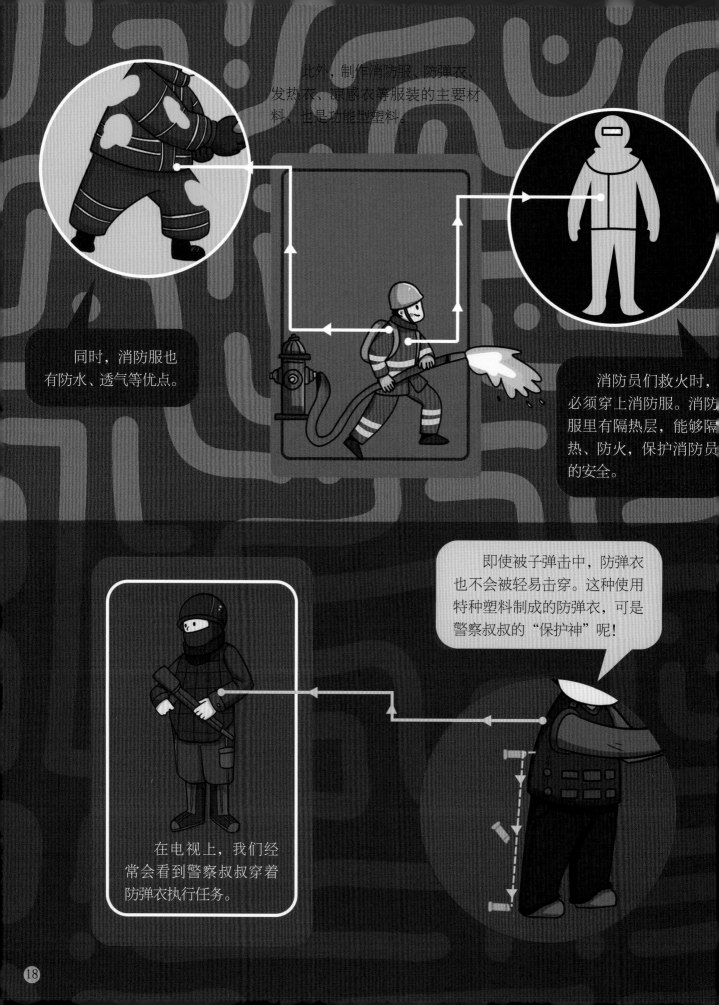

此外，制作消防服、防弹衣、发热衣、凉感衣等服装的主要材料，也是功能型塑料。

同时，消防服也有防水、透气等优点。

消防员们救火时，必须穿上消防服。消防服里有隔热层，能够隔热、防火，保护消防员的安全。

即使被子弹击中，防弹衣也不会被轻易击穿。这种使用特种塑料制成的防弹衣，可是警察叔叔的"保护神"呢！

在电视上，我们经常会看到警察叔叔穿着防弹衣执行任务。

发热衣具有良好的保暖性，在寒冷的冬天穿上它就再也不怕冷了。

有些凉感衣的材料，能很好地吸收水分。夏天时穿上它，就算汗流浃背也不会感到热。

智能衣就更加奇妙了，它可以监测人体的体温、心跳等情况，并把这些信息以电子信号的形式传送出来。

三　塑料制品成型工艺

我猜，大家都非常好奇，工人师傅们是怎样把塑料制作成各种产品的呢？

制作塑料产品，离不开塑料颗粒和模具。最后制造出的成品的形状和大小，和使用的模具是一样的。

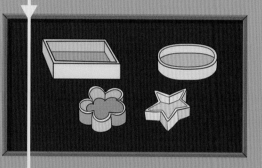

塑料制品的成型工艺有数十种，其中，生活中常见的有模压成型法、吹塑成型法、挤出成型法和注射成型法。

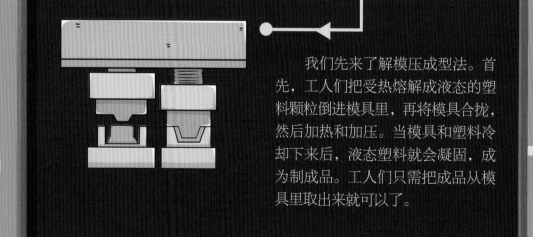

我们先来了解模压成型法。首先，工人们把受热熔解成液态的塑料颗粒倒进模具里，再将模具合拢，然后加热和加压。当模具和塑料冷却下来后，液态塑料就会凝固，成为制成品。工人们只需把成品从模具里取出来就可以了。

模压成型法的工艺并不复杂，和我们用模具做饼干的原理是一样的。

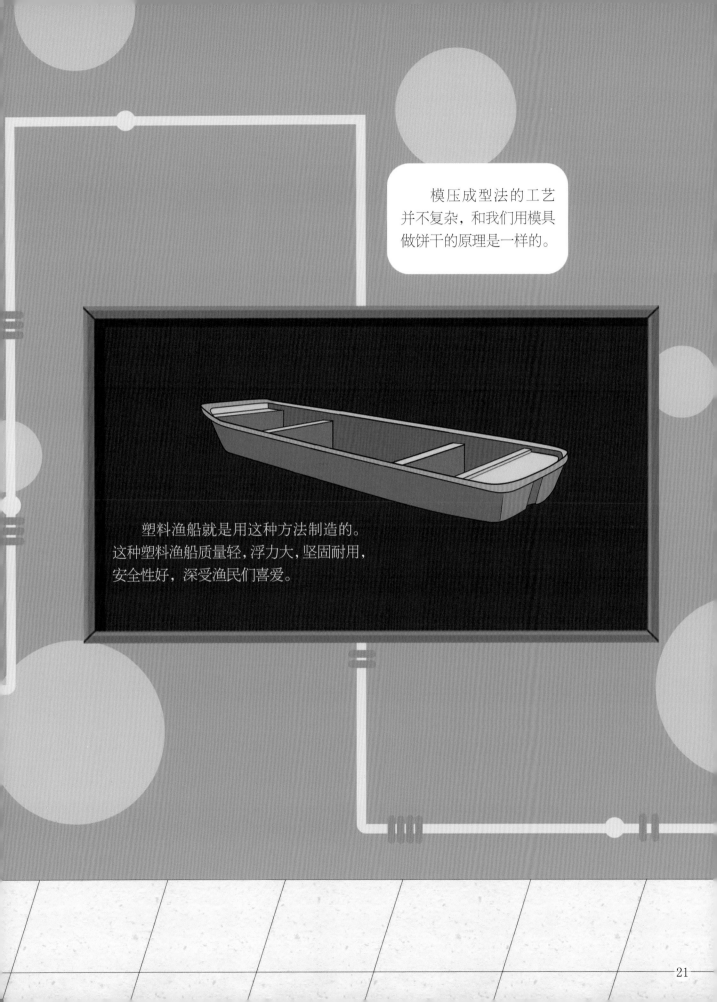

塑料渔船就是用这种方法制造的。这种塑料渔船质量轻，浮力大，坚固耐用，安全性好，深受渔民们喜爱。

我们都吹过气球。塑料制品成型工艺中的吹塑成型法，也是靠吹气完成的。

工人们先把塑料颗粒制成管状的塑料胚，然后放到模具里面。接着，他们用吹气针把热空气吹到塑料胚里。于是，受热的塑料胚膨胀起来，紧贴着模具的内壁。

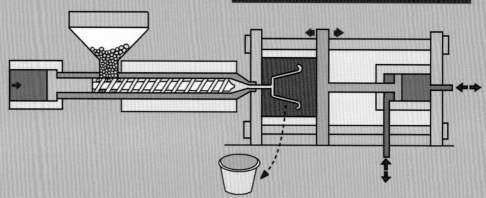

模具和塑料胚冷却后，只要打开模具，就能够获得成品了。

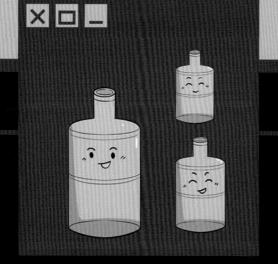

是不是很有意思呢？很多塑料瓶就是用这种方法制作出来的。

机器里的螺旋杆产生推力，将塑料颗粒推向模具。在这个过程中，塑料颗粒在加热器里受热慢慢变为液态。最后，这些液态塑料被螺旋杆挤到模具里，凝固后就变成成品了。

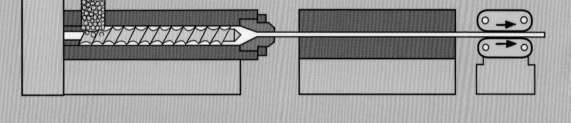

我们常用的各种塑料管和塑料条，都是用这种方法制成的。

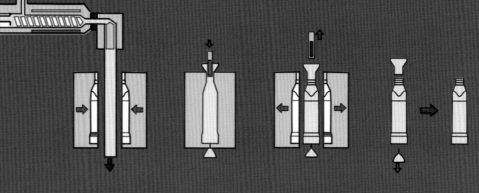

注射成型法同样需要螺旋杆来帮忙。螺旋杆将塑料颗粒向前推进。塑料颗粒受热熔解成液态后，工人们用喷嘴将其注射到模具里。等模具和液态塑料冷却后，工人们就可以打开模具取出成品了。

小朋友，你用冰棒模具做过清凉可口的冰棒吗？这个过程像极了用注射成型法制作塑料产品的过程。

四 "白色垃圾"

很多东西都有优点和缺点，塑料也不例外，除了上面提到的各种优点，它们也有不少缺点。

很多塑料是无法承受高温的。有些塑料瓶，如果用来盛开水，瓶子就会被烫得扭曲变形。

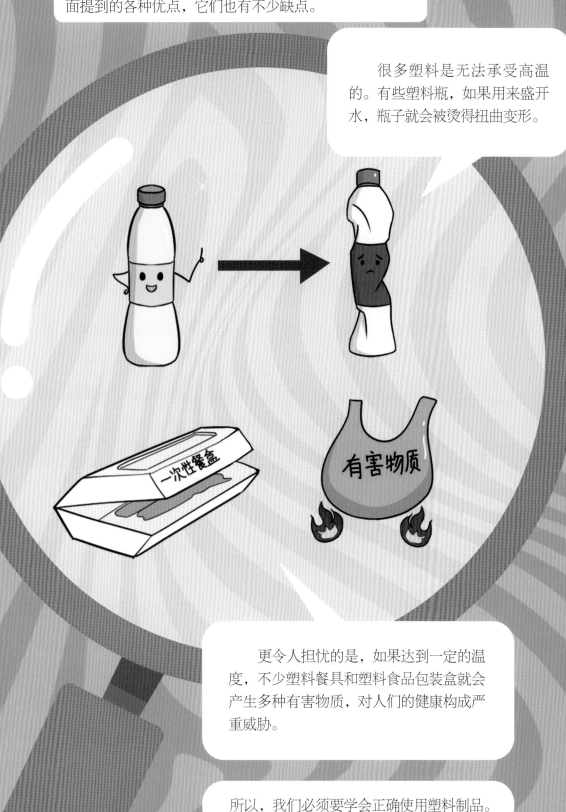

更令人担忧的是，如果达到一定的温度，不少塑料餐具和塑料食品包装盒就会产生多种有害物质，对人们的健康构成严重威胁。

所以，我们必须要学会正确使用塑料制品。

人们大量使用塑料制品，不可避免地产生了无数塑料垃圾。这类垃圾又被称为"白色垃圾"，你知道它们的危害到底有多大吗？

一些饥饿的动物，误将塑料垃圾当作食物吃掉，最后不幸死亡。

很多垃圾漂浮在水面上，有的会沉入水底，这些垃圾不但污染水体，还会严重危害各种水生动物的健康。

这些动物太可怜了，除了误食塑料垃圾危及生命外，有的还会被塑料垃圾罩住头部，导致无法进食，最终被活活饿死。还有一些水鸟被塑料袋缠绕，再也无法飞行，陷入绝境。

　　空中四处飞舞的塑料碎屑，就跟废气一样，造成了严重的空气污染。有人用焚烧的办法处理塑料垃圾，可是，这些塑料垃圾燃烧后会释放出大量有害物质，对人们的身体健康造成巨大威胁。

而且，大部分塑料的燃点很低。堆积得像小山一样的塑料垃圾，很容易产生甲烷等可燃性气体。如果它们被点燃或者发生自燃，还会引发重大火灾，真是太可怕了！

塑料等物质的分解又叫"降解"。一般的塑料，在土壤里完全降解的过程极为漫长，大约需要两百年。有的废塑料完全降解需要一千年。

聚乙烯塑料同样很难降解，但是，它们也有"克星"，比如蜡虫。

这是一种样子十分普通的虫子，可以吃聚乙烯塑料，并能够将其降解。

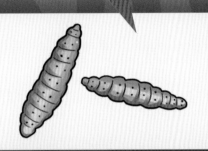

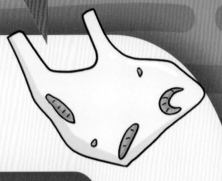

和普通塑料不同，生物塑料是一种很容易降解的环保塑料。

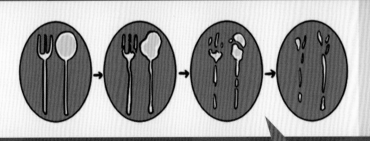

埋在土壤里的生物塑料，只需几个月到几年的时间，就会被微生物完全降解。

很多小朋友都吃过味道鲜美、营养丰富的虾肉，但大家可能不知道虾壳也能制作塑料。这种虾壳塑料废弃后埋入土里，很快就会被降解。

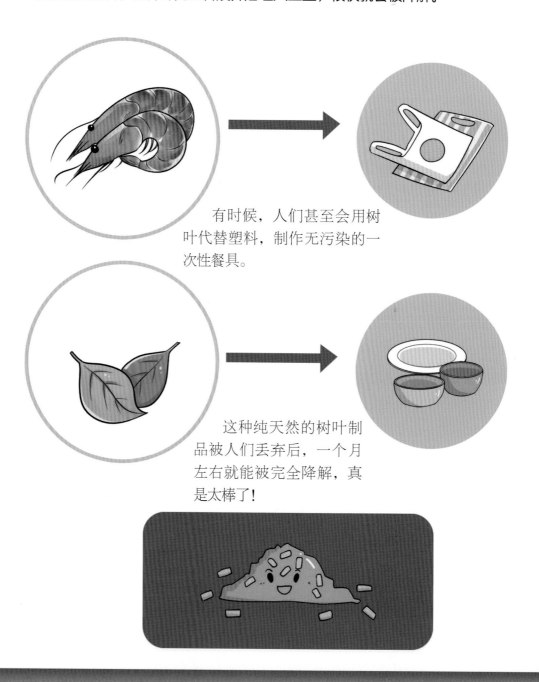

有时候，人们甚至会用树叶代替塑料，制作无污染的一次性餐具。

这种纯天然的树叶制品被人们丢弃后，一个月左右就能被完全降解，真是太棒了！

塑料垃圾对生态环境造成了严重的污染，我们绝不能忽视。有一些塑料制品是可以回收再利用的。

我们先简单了解一下各类塑料的特性。

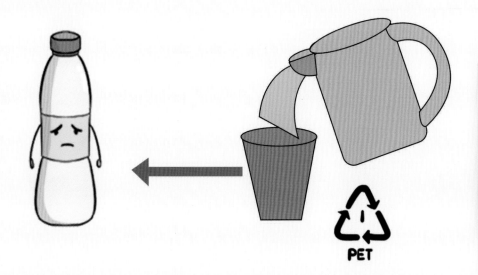

1.聚对苯二甲酸乙二醇酯（PET）塑料：用这种塑料制作的瓶子，如果装70℃以上的水，就会产生有害物质。

2.高密度聚乙烯（HDPE）塑料：能承受开水的温度。

3. 聚氯乙烯（PVC）塑料：使用这种塑料制作的保鲜膜、鸡蛋盒等，会危害我们的身体健康。

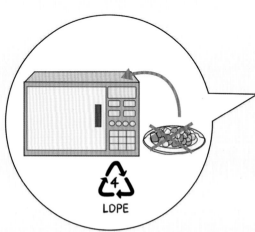

4. 低密度聚乙烯（LDPE）塑料：不耐高温，不能将这种塑料制成的保鲜膜放进微波炉里。

5. 聚丙烯（PP）塑料：能耐130℃的高温，只有这种塑料制作的食品盒，才可以放进微波炉。

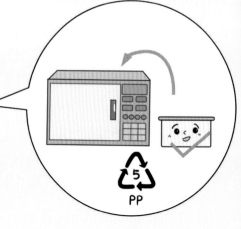

6. 聚苯乙烯（PS）塑料：如果温度太高，这种塑料就会产生有害物质。所以，不能用这种塑料制成的饭碗、饭盒盛滚烫的食物。

塑料瓶的标签上，都有一个带箭头的三角形符号，里面都有一个编号。这个编号，能告诉我们塑料瓶的具体材质。

拥有这个三角形符号的塑料瓶，都是可回收再利用的。

随着环保观念的普及，人们越来越重视环境保护和资源节约。所以，那些适合回收的废旧塑料制品，会被分拣出来送到工厂里，再经过加工制成新的塑料制品。

可回收物

现在，让我们一起到工厂里，去看看这个"变废为宝"的过程吧！

1 在工厂里，工人们先要给这些废旧塑料制品"洗个澡"——用水把它们清洗干净。

3 接下来，这些废旧塑料制品会被粉碎，然后被加热、熔融，再制成无数塑料颗粒。

2 接着是消毒，主要目的是杀死它们身上的细菌。工人们还会把它们的标签除掉。

4 最后，这些塑料颗粒又会被重新制成各种各样的塑料制品，以满足人们的需求。

那些看起来似乎毫无用处的废旧塑料制品，就这样脱胎换骨，获得了新生。如果你以为废旧塑料制品经过加工后只能成为新的塑料制品，那就错啦！

很多塑料碎片经熔融、抽丝后，还会被制成各种纺织品，如衣服、浴巾、地毯等。真是太神奇了！

图书在版编目 (CIP) 数据

塑料变形记 / 尹传红主编；苟利军，罗晓波副主编 .
成都：四川科学技术出版社，2024.11. -- (中国少儿
百科核心素养提升丛书). -- ISBN 978-7-5727-1636-2

Ⅰ. TQ32-49

中国国家版本馆 CIP 数据核字第 2025TL0263 号

中国少儿百科　核心素养提升丛书
ZHONGGUO SHAO'ER BAIKE HEXIN SUYANG TISHENG CONGSHU

塑料变形记
SULIAO BIANXING JI

主　　编　尹传红
副 主 编　苟利军　罗晓波
出 品 人　程佳月
责任编辑　张　姗
助理编辑　王美琳
营销编辑　杨亦然
选题策划　陈　彦　鄢孟君
封面设计　韩少洁
责任出版　欧晓春
出版发行　四川科学技术出版社
　　　　　成都市锦江区三色路 238 号　邮政编码 610023
　　　　　官方微博 http://weibo.com/sckjcbs
　　　　　官方微信公众号　sckjcbs
　　　　　传真 028-86361756
成品尺寸　205mm×265mm
印　　张　2.25
字　　数　45 千
印　　刷　文畅阁印刷有限公司
版　　次　2024 年 11 月第 1 版
印　　次　2025 年 1 月第 1 次印刷
定　　价　39.80 元

ISBN　978-7-5727-1636-2

邮　　购：成都市锦江区三色路 238 号新华之星 A 座 25 层　邮政编码：610023
电　　话：028-86361770